ISBN 978-3-662-24165-3 ISBN 978-3-662-26277-1 (eBook)
DOI 10.1007/978-3-662-26277-1

Die Entwicklung eines Sternes von zwölffacher Sonnenmasse

Von

k. M. **K. Ferrari d'Occhieppo, F. Firneis** und **W. Tscharnuter**

Mit 5 Abbildungen

(Vorgelegt in der Sitzung am 12. Dezember 1968)

Abstract

The authors have studied the evolution of a star of twelve solar masses, using the computer program of Hofmeister, Kippenhahn, and Weigert. The calculations started with a chemically homogeneous model of 4,4 percent heavy elements, 60 percent hydrogen, and 35,6 percent helium. The general lines of evolution were found to be similar to, but much more rapid than for the most massive star hitherto investigated by the Kippenhahn & Weigert group. In the final stages the procedure became inefficient even with very short time steps; thus we were forced to stop our program. The results are given in tables and diagrams, the symbols of which are already familiar in this field of research.

Einleitung

Mit Hilfe des Computerprogramms, das von Hofmeister, Kippenhahn und Weigert [1] ausgearbeitet und bereits vielfach erprobt worden ist, konnte die Entwicklung eines nichtrotierenden Sternes von zwölffacher Sonnenmasse mit der IBM 7040 der Technischen Hochschule Wien über einen Zeitraum von 10,84 Millionen Jahren theoretisch verfolgt werden. Die Rechnungen gingen von einem chemisch homogenen Modell aus, das neben 4,4 Prozent schweren Elementen 60 Prozent Wasserstoff und 35,6 Prozent Helium enthielt. Der Anteil schwerer Elemente sowie deren Anfangsmischung entspricht einer extremen Population I. Man hat in dieser Hinsicht bekanntlich noch sehr wenig freie Wahlmöglichkeiten; denn die Kompliziertheit der Berechnung der Opazitätskoeffizienten zwingt dazu, diese nach den von Cox [2] unter bestimmten Voraussetzungen berechneten Tabellen fertig zu übernehmen

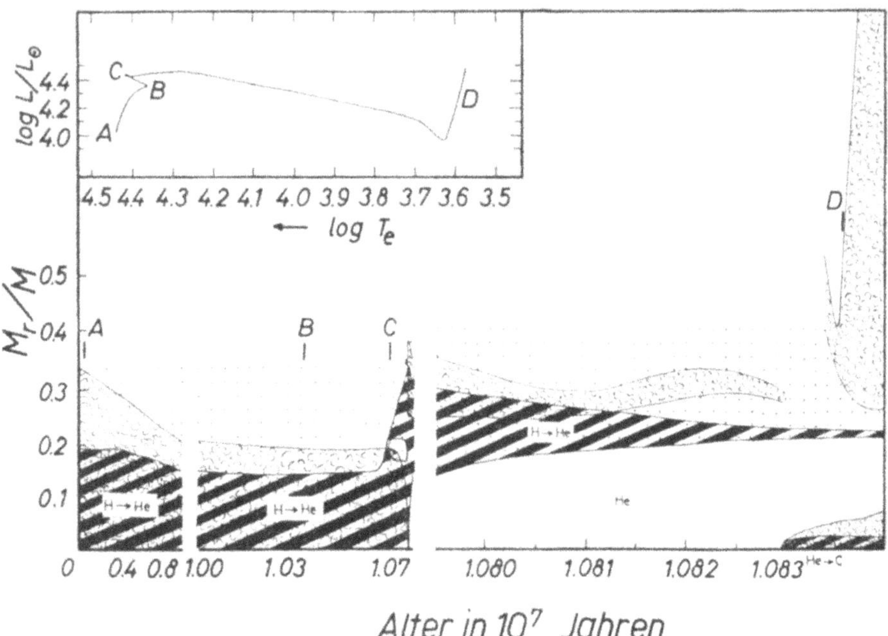

Abb. 1. Oben: Entwicklungsweg des Sternes im HRD von der Hauptreihe bis zum Beginn des zentralen Heliumbrennens; vgl. Tab. 1. Unten: Zeitliche Veränderungen im Sterninnern. Abszisse: Alter des Sternes in Einheiten von 10^7 Jahren seit Verlassen der Hauptreihe; Maßstab zweimal gedehnt. Ordinate: M_r/M. Konvektionszonen sind durch „wolkige" Signatur angedeutet. Bereiche, wo die nukleare Energieproduktion 10^3 erg/g sec übersteigt, sind stark schraffiert. Punktiert sind die Gebiete nach innen zunehmenden Molekulargewichtes mit der oberen Begrenzung bei $X = 0{,}59$ und der unteren Begrenzung bei $X = 0{,}01$.

und in der Maschine zu speichern. Trotzdem war die Maschine bis zur äußersten Grenze ihrer Leistungsfähigkeit beansprucht.

Der Gang der Iterationen und der innere Aufbau der Modelle nach Abschluß jedes einzelnen Entwicklungsschrittes wurden auf Band gespeichert, aber in der Regel nur jedes dritte Modell vollständig ausgedruckt, um nach Möglichkeit Rechenzeit zu sparen. Nur ein ganz geringer Teil davon kann hier in Tabellenform mitgeteilt werden, während der innere Entwicklungsgang des Sternes hauptsächlich aus den Diagrammen ersichtlich ist, deren Darstellungsweise den analogen Ver-

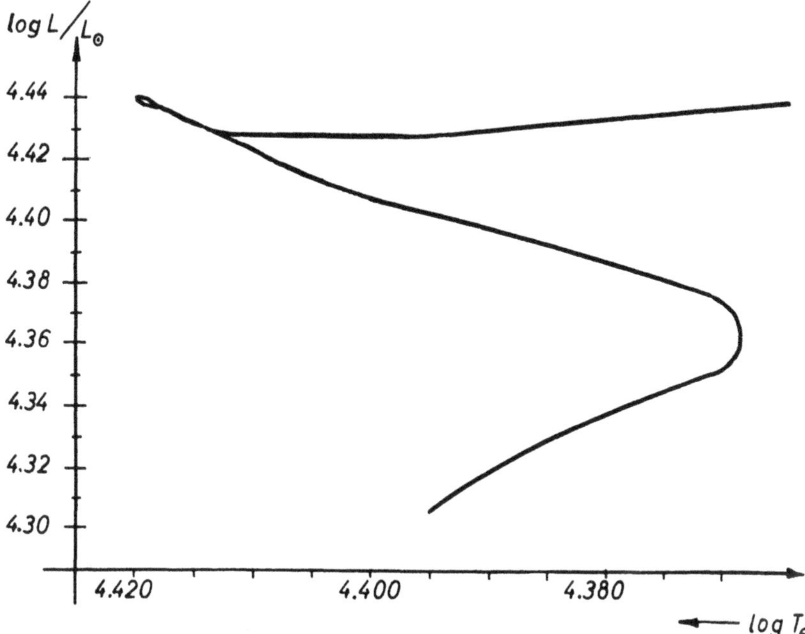

Abb. 2. Vergrößerter Ausschnitt des Entwicklungsweges im HRD in der Umgebung der Punkte B und C aus Abb. 1 oben.

öffentlichungen von Kippenhahn und dessen Mitarbeitern angepaßt wurde.

Entwicklung von Leuchtkraft und effektiver Temperatur

Den Entwicklungsweg im Leuchtkraft-Temperatur-Diagramm (HRD) zeigt Tab. 1, sowie Abb. 1 (oben) und vergrößert in einem besonders bemerkenswerten Teil Abb. 2. Die anfänglich nur mäßig fallende Temperatur wird durch Volumenvergrößerung überkompensiert,

Tabelle 1. Koordinaten im HRD und Alter (in 10^7 Jahren) einiger gerechneter Modelle. Wegen der Marken A–D siehe Abb. 1

Modellnummer	Alter	$\log L/L_\odot$	$\log T_e$	
1	0.00000	4.097	4.446	A
2	0.01000	4.098	4.446	
3	0.03000	4.102	4.445	
4	0.07001	4.110	4.445	
5	0.15001	4.126	4.443	
6	0.25118	4.146	4.440	
7	0.34429	4.167	4.437	
8	0.42600	4.185	4.434	
9	0.49763	4.202	4.431	
10	0.56384	4.219	4.427	
11	0.62174	4.234	4.423	
12	0.67305	4.248	4.419	
13	0.72060	4.261	4.414	
18	0.89520	4.313	4.392	
21	0.96323	4.335	4.380	
24	1.01199	4.352	4.371	
27	1.04402	4.366	4.369	B
30	1.05992	4.375	4.371	
33	1.06833	4.383	4.377	
39	1.07519	4.399	4.393	
45	1.07707	4.416	4.406	
51	1.07760	4.430	4.414	
58	1.07779	4.435	4.417	
64	1.07786	4.437	4.418	
70	1.07789	4.436	4.418	
78	1.07792	4.437	4.419	
86	1.07794	4.438	4.419	
93	1.07799	4.439	4.420	C
95	1.07813	4.435	4.418	
97	1.07873	4.428	4.396	
100	1.08069	4.452	4.298	
103	1.08204	4.419	4.191	
106	1.08259	4.376	4.114	
110	1.08282	4.351	4.070	
113	1.08309	4.308	4.002	
116	1.08340	4.226	3.866	
119	1.08356	4.137	3.739	
122	1.08363	4.018	3.651	
123	1.08366	3.953	3.631	
124	1.08369	4.008	3.616	
130	1.08378	4.398	3.581	D
138	1.08396	4.479	3.576	
150	1.08399	4.480	3.576	
194	1.08400	4.480	3.576	

so daß die Leuchtkraft sich 10,44 Millionen Jahre nach Verlassen der Hauptreihe nahezu verdoppelt (Modell Nr. 27, Punkt B). Während der folgenden 0,34 Millionen Jahre steigt auch die effektive Temperatur wieder an, bis zu einem relativen Maximum beider Parameter (Modell Nr. 93, Punkt C). Die übrige Entwicklung, soweit sie hier verfolgt werden konnte, vollzieht sich sehr rasch. Binnen 56 000 Jahren sinkt die Oberflächentemperatur auf weniger als ein Sechstel ihres ursprünglichen Wertes und auch die Anfangsleuchtkraft wird schließlich etwas unterschritten (Modell Nr. 123). Der Stern ist zum roten Überriesen geworden. Nun wird aber der Temperaturrückgang stark gebremst und in den restlichen 4000 Jahren bis zum Abbruch unserer Rechnungen wächst die Leuchtkraft wieder auf mehr als das Dreifache ihres niedrigsten Wertes an. Darüber hinaus ließ sich auch mit extrem kurzen Zeitschritten keine Konvergenz der Iterationen mehr erzielen. Über die Richtung der weiteren Entwicklung kann man daher noch nichts aussagen. Es ist sehr unwahrscheinlich, daß eine einfache Extrapolation der letzten Phase das Rechte treffen würde.

Innere Entwicklung des Sternes

Die gleichzeitigen Vorgänge in den tieferen Schichten des Sternes können in ihrem zeitlichen Verlauf unter verschiedenen Gesichtspunkten in den Abb. 1 (unten) sowie 3 bis 5 verfolgt werden. Einige repräsentative Stadien sind in den Tab. 2 bis 5 numerisch genauer dargestellt.

Das homogene Anfangsmodell (A; Tab. 2 a, b): Der konvektive Kern enthält anfänglich etwa 33 Prozent der Gesamtmasse. Die Zentraldichte beträgt 6,2 g cm^{-3}; die Zentraltemperatur ist mit rund $3 \cdot 10^7$ °K bereits so hoch, daß die Umwandlung von Wasserstoff in Helium fast ausschließlich über den C—N-Zyklus erfolgt. Da dieser bekanntlich sehr empfindlich von der Temperatur abhängt, wird die nukleare Energieproduktion zu 99 Prozent von nur etwa zwei Dritteln der Masse des konvektiven Kernes besorgt. Zwar liegt die Temperatur bei 60 Prozent der Gesamtmasse tief genug, daß räumlich die p-p-Reaktion vorherrscht; aber ihr Beitrag zur Energieerzeugung ist ganz unbedeutend; die dadurch bewirkte Veränderung in der chemischen Zusammensetzung der äußeren Schichten tritt kaum in Erscheinung.

Leerbrennen des konvektiven Kernes (A → B). Diese erste und im

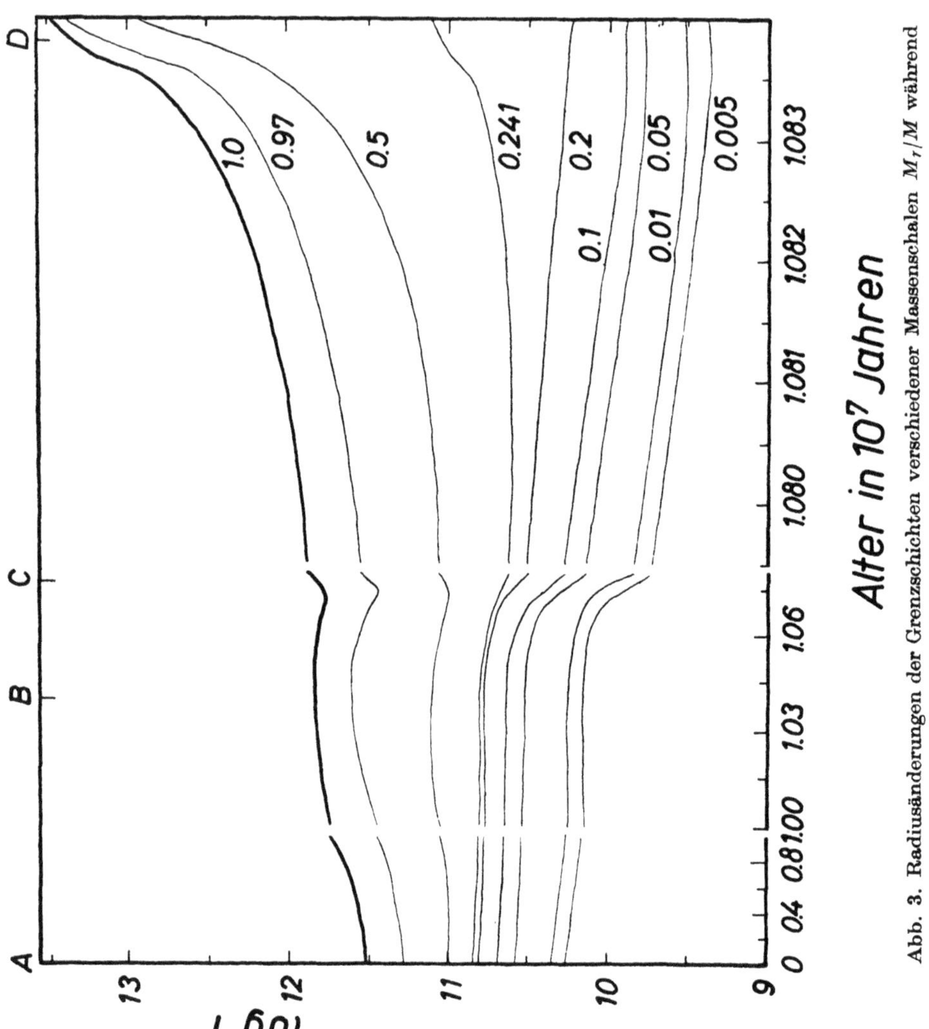

Abb. 3. Radiusänderungen der Grenzschichten verschiedener Massenschalen M_r/M während der Entwicklung des Sternes. r in cm.

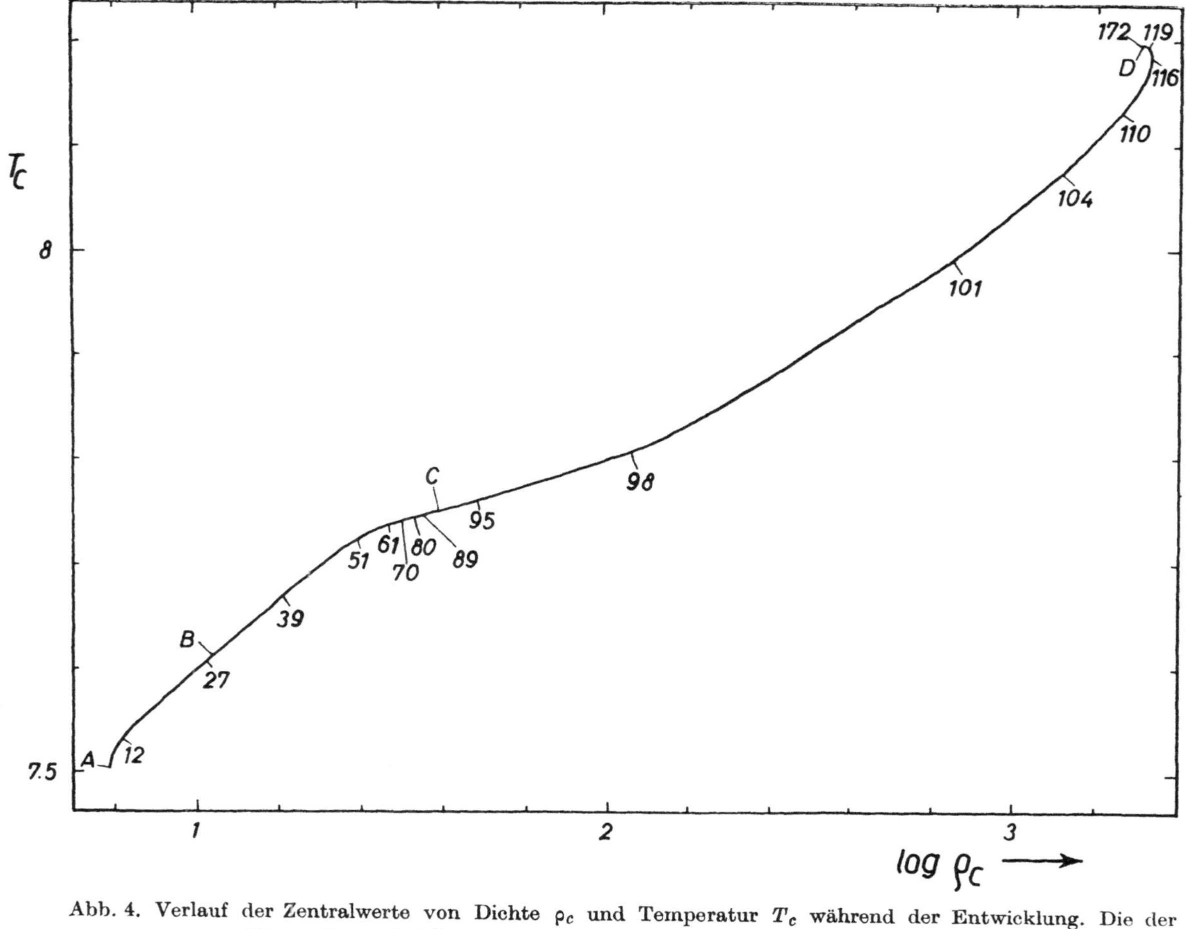

Abb. 4. Verlauf der Zentralwerte von Dichte ρ_c und Temperatur T_c während der Entwicklung. Die der Kurve beigeschriebenen Zahlen bezeichnen die laufenden Modellnummern.

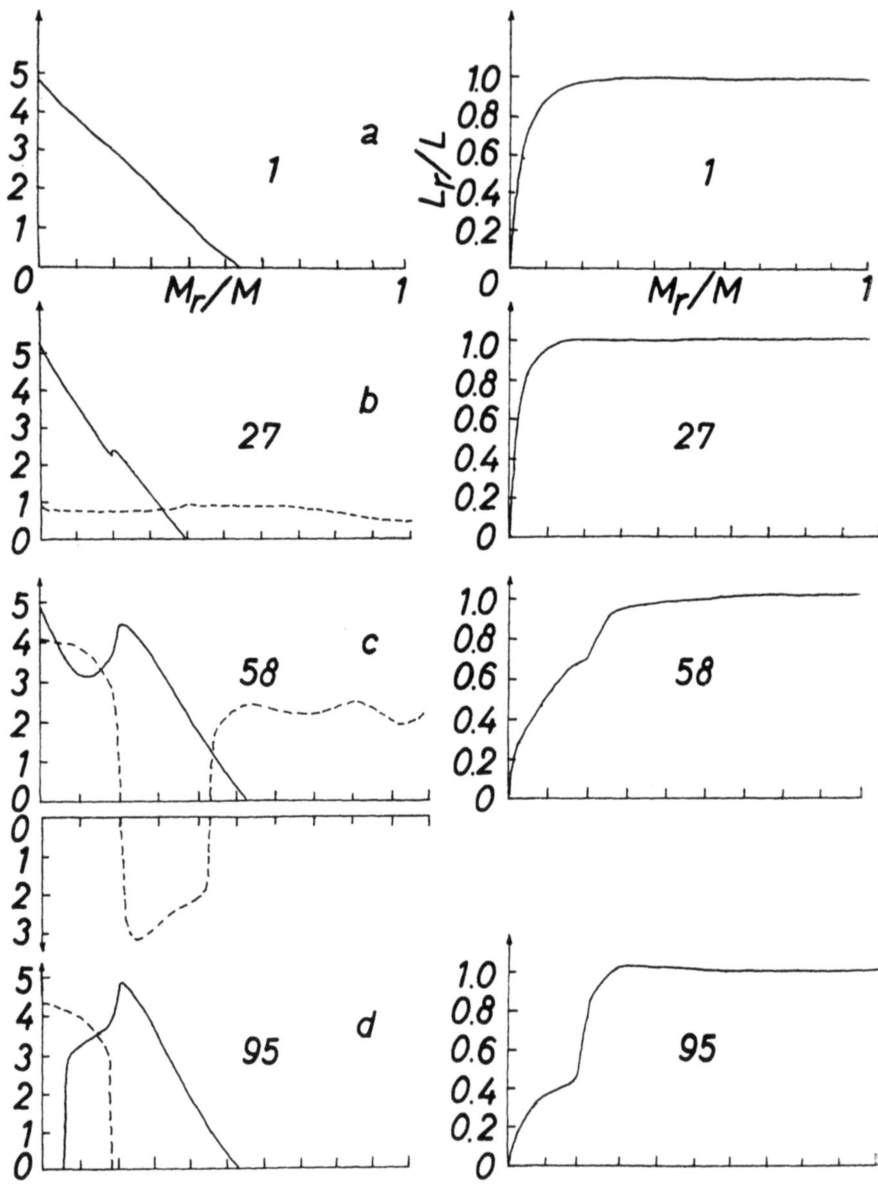

Abb. 5 a–d.

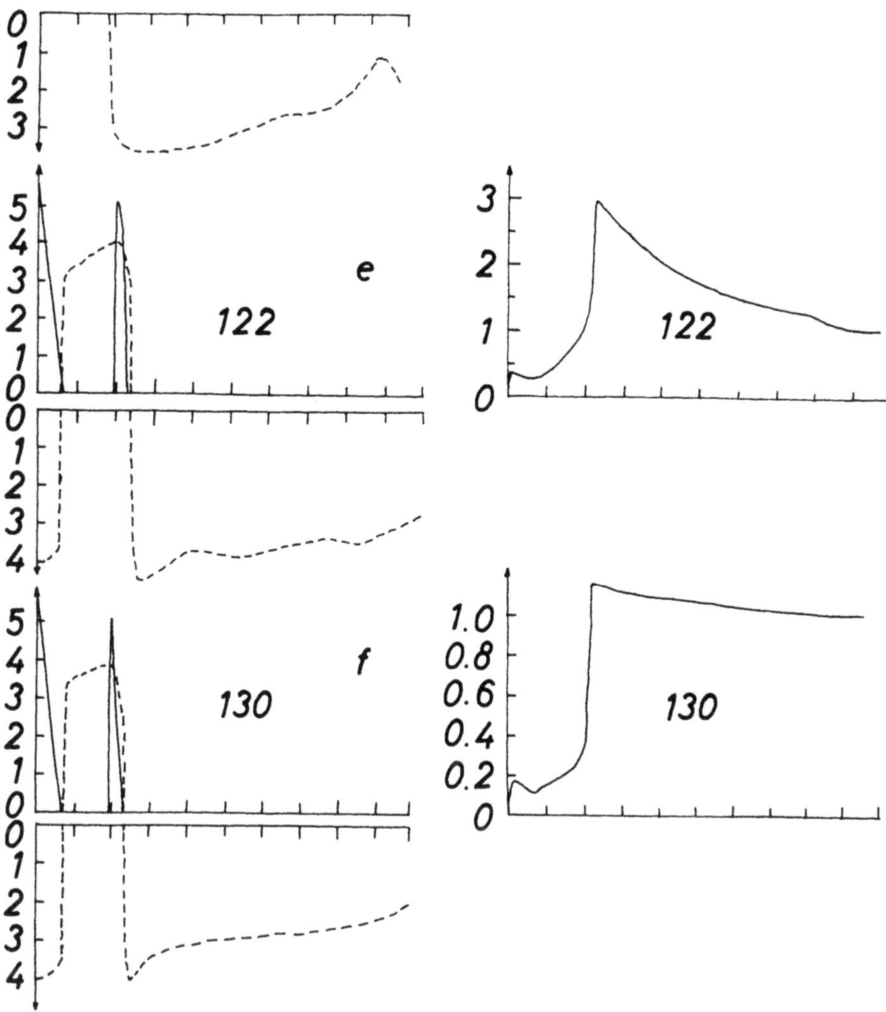

Abb. 5e–f.

Abb. 5. a–f. Für die Sternmodelle Nr. 1, 27, 58, 95, 122, 130 ist zur Abszisse M_r/M links die Energieproduktion in erg/g sec, rechts L_r/L aufgetragen. In den linken Diagrammen bedeutet ——— $\log \varepsilon_N$, die nukleare Energieerzeugung, - - - - - $\log |\varepsilon_G|$, soweit $\varepsilon_N > 1$ bzw. $|\varepsilon_G| > 1$. Wo ε_G negativ ist, wurde $\log |\varepsilon_G|$ nach unten aufgetragen, mit Ausnahme von Abb. 5b, wo aus Raumgründen der Logarithmus des Absolutbetrages des negativen ε_G nach oben aufgetragen wurde.

ganzen längste Entwicklungsphase wird in den Modellen Nr. 2 bis 27 erfaßt. Die dadurch bewirkten Veränderungen im radialen Aufbau des Sternes lassen die Tab. 3 a, b (Modell Nr. 27) erkennen. Der Wasserstoffgehalt im Zentrum nimmt bis auf einen Rest von 3,5 Prozent ab. Da aber gleichzeitig die Zentraltemperatur auf $4 \cdot 10^7$ °K gestiegen ist, liefert ein Viertel der Gesamtmasse noch alle zur Ausstrahlung gelangende Energie. Allerdings bildet sich weiter außen eine gesonderte Energie-

Tabelle 2a. Modell Nr. 1 (Homogenes Hauptreihenmodell). Außenschichten. In konvektiven Bereichen ist log T kursiv gedruckt. P, r, M_r, ρ im CGS-System

log P	log T	log r	log M_r	log ρ
3.783	4.432	11.52322	34.37828	− 8.825
3.863	4.446	11.52322	34.37828	− 8.752
3.943	4.461	11.52322	34.37828	− 8.683
4.023	4.478	11.52320	34.37828	− 8.617
4.103	4.496	11.52311	34.37828	− 8.553
4.193	4.519	11.52301	34.37828	− 8.486
4.203	*4.521*	11.52300	34.37828	− 8.478
4.303	*4.535*	11.52290	34.37827	− 8.384
4.503	*4.592*	11.52268	34.37827	− 8.257
4.783	*4.677*	11.52230	34.37827	− 8.090
4.903	4.712	11.52210	34.37827	− 8.011
5.103	4.763	11.52173	34.37827	− 7.864
5.343	4.820	11.52124	34.37827	− 7.679
5.743	4.916	11.52027	34.37826	− 7.368
6.143	5.009	11.51908	34.37826	− 7.054
6.463	5.085	11.51795	34.37826	− 6.807
6.943	5.205	11.51582	34.37826	− 6.446
7.663	5.372	11.51148	34.37826	− 5.883
8.703	5.617	11.50152	34.37825	− 5.076
9.423	5.773	11.49156	34.37825	− 4.498
9.983	5.906	11.48106	34.37824	− 4.067
10.463	6.011	11.46974	34.37822	− 3.685
10.943	6.130	11.45564	34.37816	− 3.323
11.423	6.243	11.43787	34.37800	− 2.954
11.983	6.380	11.41186	34.37751	− 2.529
12.543	6.520	11.37812	34.37615	− 2.109
13.023	6.627	11.34282	34.37337	− 1.732
13.663	6.766	11.28661	34.36412	− 1.225

Tabelle 2b. Modell Nr. 1 (Homogenes Hauptreihenmodell). Innenschichten. In konvektiven Bereichen ist log T kursiv gedruckt

M_r/M	log P	log T	log r	L_r/L	log ρ	X
0.9700	13.619	6.756	11.2908	1.0000	− 1.260	0.602
0.9271	14.199	6.891	11.2292	1.0000	− 0.811	0.602
0.8791	14.551	6.971	11.1850	1.0000	− 0.538	0.602
0.8182	14.848	7.038	11.1426	1.0000	− 0.305	0.602
0.7751	15.009	7.077	11.1172	1.0000	− 0.184	0.602
0.7273	15.157	7.114	11.0915	1.0000	− 0.073	0.602
0.6719	15.303	7.152	11.0636	1.0000	0.035	0.602
0.6101	15.443	7.190	11.0338	1.0000	0.136	0.602
0.5455	15.571	7.226	11.0031	1.0000	0.227	0.602
0.5033	15.648	7.248	10.9827	0.9999	0.281	0.602
0.4201	15.785	7.289	10.9409	0.9998	0.376	0.602
0.3979	15.819	7.299	10.9292	0.9997	0.399	0.602
0.3826	15.842	7.307	10.9209	0.9996	0.414	0.602
0.3619	15.872	7.316	10.9094	0.9994	0.435	0.602
0.3487	15.892	7.323	10.9018	0.9992	0.447	0.602
0.3353	15.911	*7.329*	10.8939	0.9990	0.460	0.602
0.2933	15.971	*7.350*	10.8677	0.9976	0.497	0.602
0.2293	16.058	*7.380*	10.8218	0.9911	0.552	0.602
0.1682	16.141	*7.408*	10.7671	0.9699	0.605	0.602
0.1215	16.206	*7.429*	10.7122	0.9247	0.646	0.602
0.1021	16.233	*7.439*	10.6836	0.8897	0.663	0.602
0.0797	16.266	*7.450*	10.6439	0.8283	0.684	0.602
0.0543	16.306	*7.463*	10.5833	0.7127	0.710	0.602
0.0413	16.329	*7.470*	10.5410	0.6234	0.724	0.602
0.0271	16.355	*7.479*	10.4769	0.4884	0.741	0.602
0.0200	16.370	*7.484*	10.4310	0.3986	0.750	0.602
0.0102	16.393	*7.492*	10.3303	0.2398	0.765	0.602
0.0049	16.408	*7.497*	10.2232	0.1302	0.775	0.602
0.0023	16.418	*7.500*	10.1107	0.0654	0.781	0.602
0.0013	16.423	*7.501*	10.0230	0.0374	0.784	0.602
0.0000	16.432	*7.504*	$-\infty$	0.0000	0.790	0.602

produzierende Schale. Ihre Wirksamkeit tritt sehr deutlich darin in Erscheinung, daß stellenweise $L_r/L > 1$ zu werden beginnt. Die Entstehung dieser, der Sternoberfläche näher gelegenen Energiequelle ist verantwortlich für den zeitweiligen Wiederanstieg der Oberflächentemperatur; er setzt sich nur langsam durch, wie man aus Abb. 2 genauer ersieht.

Absterben des konvektiven Kernes (B → C). Diese Entwicklungsphase umfaßt die Modelle 28 bis 92. In den Endstadien des entsprechenden

Tabelle 3a. Modell Nr. 27. Außenschichten. In konvektiven Bereichen ist $\log T$ kursiv gedruckt

$\log P$	$\log T$	$\log r$	$\log M_r$	$\log \rho$
3.331	4.354	11.81319	34.37828	− 9.249
3.571	4.400	11.81314	34.37828	− 9.032
3.971	4.492	11.81241	34.37828	− 8.715
4.131	*4.534*	11.81207	34.37828	− 8.602
4.291	*4.578*	11.81170	34.37828	− 8.500
4.611	*4.670*	11.81077	34.37827	− 8.304
4.771	4.714	11.81020	34.37827	− 8.196
5.251	4.828	11.80814	34.37827	− 7.819
5.971	5.001	11.80402	34.37827	− 7.262
6.531	5.135	11.79962	34.37827	− 6.828
7.011	5.253	11.79467	34.37827	− 6.463
7.491	5.366	11.78842	34.37826	− 6.086
8.131	5.524	11.77737	34.37826	− 5.601
8.611	5.631	11.76658	34.37825	− 5.214
9.011	5.711	11.75619	34.37824	− 4.875
9.571	5.847	11.73863	34.37821	− 4.448
10.051	5.957	11.71950	34.37812	− 4.071
10.531	6.065	11.69679	34.37790	− 3.691
11.011	6.187	11.66874	34.37737	− 3.335
11.491	6.298	11.63468	34.37619	− 2.956
11.971	6.419	11.59434	34.37363	− 2.601
12.451	6.540	11.54520	34.36844	− 2.243
12.771	6.613	11.50793	34.36255	− 1.991

Zeitraumes ist der letzte Rest des Wasserstoffes im Zentralgebiet aufgebraucht. Damit hört dort vorübergehend auch jede Energieproduktion auf. Schon von Modell Nr. 51 an ist das Nebenmaximum der nuklearen Energieerzeugung in der Schalenquelle so stark, daß dort eine zugleich nach außen und nach innen gerichtete Expansion eintritt. Das heißt, der Kern des Sternes schrumpft, während die Außenschichten sich weiter aufblähen. Im Übergangsgebiet hat die Summe aus den Änderungen der thermischen und Kompressionsenergie ε_G eine Nullstelle. Mit der

Schalenquelle bildet sich rasch eine dünne Konvektionszone aus, die etwa 15 Prozent der Gesamtmasse erfaßt.

Tabelle 3b. Modell Nr. 27. Innenschichten. In konvektiven Bereichen ist $\log T$ kursiv gedruckt

M_r/M	$\log P$	$\log T$	$\log r$	L_r/L	$\log \rho$	X
0.9700	12.649	6.586	11.5222	1.0000	− 2.088	0.602
0.9271	13.303	6.729	11.4390	1.0000	− 1.567	0.602
0.8791	13.708	6.827	11.3792	1.0001	− 1.258	0.602
0.8182	14.059	6.911	11.3199	1.0002	− 0.990	0.602
0.7751	14.254	6.958	11.2836	1.0002	− 0.841	0.602
0.7273	14.438	7.001	11.2465	1.0003	− 0.698	0.602
0.6719	14.624	7.047	11.2060	1.0004	− 0.558	0.602
0.6101	14.807	7.096	11.1617	1.0005	− 0.425	0.602
0.5455	14.981	7.145	11.1145	1.0006	− 0.302	0.602
0.4753	15.160	7.196	11.0595	1.0007	− 0.178	0.602
0.4054	15.334	7.247	10.9976	1.0008	− 0.059	0.602
0.3619	15.446	7.280	10.9531	1.0009	0.017	0.601
0.3076	15.594	7.325	10.8887	1.0009	0.165	0.477
0.2582	15.740	7.368	10.8271	1.0005	0.334	0.316
0.2175	15.864	7.405	10.7774	0.9992	0.509	0.145
0.1808	15.973	*7.437*	10.7358	0.9973	0.651	0.035
0.1310	16.112	*7.480*	10.6724	0.9887	0.742	0.035
0.1021	16.190	*7.503*	10.6266	0.9710	0.793	0.035
0.0797	16.251	*7.522*	10.5833	0.9396	0.833	0.035
0.0543	16.322	*7.543*	10.5187	0.8605	0.880	0.035
0.0413	16.360	*7.555*	10.4742	0.7851	0.905	0.035
0.0200	16.430	*7.575*	10.3602	0.5507	0.951	0.035
0.0102	16.469	*7.587*	10.2574	0.3515	0.976	0.035
0.0049	16.494	*7.594*	10.1489	0.1990	0.993	0.035
0.0023	16.509	*7.599*	10.0355	0.1028	1.003	0.035
0.0013	16.517	*7.601*	9.9472	0.0597	1.009	0.035
0.0009	16.520	*7.602*	9.9000	0.0444	1.011	0.035
0.0000	16.533	*7.606*	$-\infty$	0.0000	1.019	0.035

Rasche Kontraktion des Kernes. In diese kurze, nur 14 000 Jahre umfassende Entwicklungsphase fallen die Modelle 95 bis 98, über deren erstes die Tab. 4 a, b Aufschluß geben. Der völlig von Wasserstoff freie Kern liefert in dieser Zeit keinen Beitrag zur Energieerzeugung. Er ist von einer Schalenquelle umgeben, die maximal auch nur 5,5 Prozent

Wasserstoff enthält und bei einer Temperatur von rund $4 \cdot 10^7$ °K praktisch ausschließlich im C—N-Zyklus Energie produziert. In der Schichte

Tabelle 4a. Modell Nr. 95. Außenschichten. In konvektiven Bereichen ist log *T* kursiv gedruckt

log *P*	log *T*	log *r*	log M_r	log ρ
3.494	4.404	11.74818	34.37828	− 9.154
3.654	4.433	11.74818	34.37828	− 9.001
3.974	4.504	11.74766	34.37828	− 8.738
3.994	*4.508*	11.74762	34.37828	− 8.722
4.054	*4.518*	11.74751	34.37828	− 8.664
4.094	*4.526*	11.74744	34.37827	− 8.630
4.294	*4.584*	11.74703	34.37827	− 8.511
4.734	*4.714*	11.74580	34.37827	− 8.248
5.134	4.809	11.74430	34.37827	− 7.936
5.534	4.903	11.74251	34.37826	− 7.619
6.014	5.020	11.73981	34.37826	− 7.249
6.574	5.155	11.73573	34.37826	− 6.816
7.054	5.272	11.73113	34.37826	− 6.449
7.534	5.386	11.72534	34.37826	− 6.075
8.014	5.504	11.71795	34.37825	− 5.710
8.494	5.615	11.70862	34.37825	− 5.330
8.974	5.711	11.69758	34.37824	− 4.920
9.454	5.828	11.68443	34.37823	− 4.553
9.934	5.942	11.66781	34.37819	− 4.182
10.494	6.066	11.64425	34.37805	− 3.735
10.894	6.169	11.62350	34.37782	− 3.440
11.454	6.300	11.58775	34.37705	− 3.004
12.014	6.441	11.54396	34.37512	− 2.587
12.494	6.561	11.49733	34.37150	− 2.227
12.974	6.666	11.44362	34.36450	− 1.843

maximaler Energielieferung steigt die Leuchtkraft nun auf das 1,27fache des Oberflächenwertes.

Der „tote" Kern enthält etwa 12 Prozent der Masse, ein Wert, der knapp über der „Schönberg-Grenze" liegt; der Kern wird also nicht isotherm. Durch Kontraktion steigt die Zentraltemperatur bis auf 10^8 °K an. Gleichzeitig mit der Kontraktion des Kernes expandieren stark die Außenschichten. Die dadurch bedingte Abkühlung zeigt sich auch in den

Oberflächenwerten: der Stern wandert im HRD nach rechts. Das Heliumbrennen (3 α-Prozeß) im Kernbereich kommt nur allmählich in

Tabelle 4b. Modell Nr. 95. Innenschichten. In konvektiven Bereichen ist log T kursiv gedruckt

M_r/M	log P	log T	log r	L_r/L	log ρ	X
0.9700	12.945	6.660	11.4466	1.0000	− 1.867	0.602
0.9271	13.605	6.811	11.3623	1.0004	− 1.350	0.602
0.8791	14.016	6.910	11.3003	1.0008	− 1.036	0.602
0.8182	14.373	6.993	11.2394	1.0029	− 0.758	0.602
0.7751	14.571	7.040	11.2024	1.0052	− 0.606	0.602
0.7273	14.759	7.088	11.1643	1.0081	− 0.467	0.602
0.6719	14.949	7.138	11.1220	1.0132	− 0.329	0.602
0.6101	15.138	7.190	11.0750	1.0222	− 0.194	0.602
0.5455	15.320	7.240	11.0243	1.0377	− 0.064	0.602
0.4753	15.509	7.294	10.9646	1.0659	0.068	0.602
0.4201	15.658	*7.338*	10.9116	1.1011	0.168	0.602
0.4054	15.699	*7.351*	10.8961	1.1132	0.195	0.602
0.4016	15.709	7.354	10.8921	1.1164	0.216	0.563
0.3903	15.741	7.364	10.8803	1.1256	0.251	0.524
0.3826	15.762	*7.371*	10.8721	1.1317	0.265	0.524
0.3155	15.961	*7.433*	10.7892	1.1818	0.394	0.524
0.2805	16.078	*7.468*	10.7341	1.1864	0.471	0.524
0.2518	16.188	*7.502*	10.6780	1.1172	0.556	0.491
0.2475	16.206	*7.507*	10.6696	1.0954	0.655	0.293
0.2175	16.336	7.542	10.6180	0.8463	0.830	0.143
0.1808	16.499	7.572	10.5594	0.4793	1.063	0.003
0.1310	16.707	7.610	10.4811	0.4065	1.245	0.000
0.0797	16.909	7.656	10.3805	0.2940	1.403	0.000
0.0200	17.157	7.722	10.1561	0.0929	1.583	0.000
0.0036	17.252	7.750	9.8853	0.0183	1.648	0.000
0.0013	17.273	7.756	9.7286	0.0065	1.662	0.000
0.0000	17.293	7.762	$-\infty$	0.0000	1.675	0.000

Gang, da die Entartung der Materie gering ist, wie es bei massereichen Sternen stets der Fall ist. Es setzt ein, wenn andernfalls der Kern unter die „Chandrasekhar-Grenze" sinken würde. Im Gegensatz zur Entwicklung eines Sternes von siebenfacher Sonnenmasse [3] beginnt das Heliumbrennen jedoch schon verhältnismäßig lange bevor der Punkt geringster Leuchtkraft erreicht ist.

Zentrales Heliumbrennen (D). Während dieser Phase, die von Modell Nr. 101 bis zum Abbrechen unserer Rechnungen reicht, herrscht im Zentrum eine Temperatur von der Größenordnung 10^8 °K. Die Energieproduktion durch den 3 α-Prozeß steigt rasch an: innerhalb von 10^4 Jahren auf etwa 10^5 erg/g sec. Das Maximum ist sogar schon ausgebildet, bevor an der Oberfläche das Minimum der Leuchtkraft erreicht wird.

Tabelle 5a. Modell Nr. 138. Außenschichten. In konvektiven Bereichen ist log T kursiv gedruckt

log P	log T	log r	log M_r	log ρ
3.123	3.563	13.45511	34.37828	− 8.213
3.163	3.576	13.45511	34.37828	− 8.185
3.203	*3.591*	13.45511	34.37828	− 8.161
3.460	*3.811*	13.45384	34.37816	− 8.126
3.523	*3.921*	13.45332	34.37811	− 8.197
3.783	*4.030*	13.45003	34.37786	− 8.170
3.583	*3.960*	13.45271	34.37807	− 8.206
4.223	*4.195*	13.44032	34.37694	− 8.014
4.583	*4.361*	13.42687	34.37525	− 7.852
4.863	*4.524*	13.41114	34.37285	− 7.747
5.343	*4.668*	13.37269	34.36484	− 7.434

Von neuem entsteht ein zentrales Konvektionsgebiet, das aber weniger als 7 Prozent der Gesamtmasse enthält. Ein Schrumpfen des Kernes, wie es bei dem Stern von siebenfacher Sonnenmasse festgestellt wurde, ist bis in die Endstadien unserer Rechnung noch nicht zu bemerken. Der Kohlenstoffgehalt im Kern erreicht 0,6 Prozent. Obwohl die Dichte im Zentrum auf $2 \cdot 10^3$ g cm^{-3} steigt, ist die Entartung vernachlässigbar; der größte Entartungsparameter tritt im Zentrum mit $\Psi = -2{,}8$ auf.

Schon von Modell Nr. 98 an treten in der Schicht $M_r/M = 0{,}241$ große Gradienten in Druck, Dichte und Temperatur auf. Ähnliches fand auch Kippenhahn [4] bei dem Stern mit siebenfacher Sonnenmasse. Der Strahlungsdruck hat in der Nähe dieser Schicht ein Maximum. Auch der Opazitätskoeffizient zeigt ein ähnliches Verhalten. Vorübergehend steigt bei Modell Nr. 122 die Leuchtkraft in der hier besprochenen Schicht auf das Dreifache(!) der Oberflächenleuchtkraft an. Ob es in einem wirklichen Stern zu einem solch merkwürdigen Zustand kommen kann, oder ob dieser hier nur durch die vorgegebenen Möglichkeiten des

Tabelle 5b. Modell Nr. 138. Innenschichten. In konvektiven Bereichen ist $\log T$ kursiv gedruckt

M_r/M	$\log P$	$\log T$	$\log r$	L_r/L	$\log \rho$	X	Y
0.9700	5.336	*4.665*	13.3728	1.0000	− 7.423	0.585	0.371
0.9271	5.869	*4.812*	13.3192	1.0000	− 7.058	0.585	0.371
0.8791	6.205	*4.927*	13.2740	1.0000	− 6.846	0.585	0.371
0.8182	6.504	*5.026*	13.2237	1.0001	− 6.655	0.585	0.371
0.7751	6.676	*5.082*	13.1899	1.0001	− 6.545	0.585	0.371
0.7273	6.845	*5.135*	13.1525	1.0001	− 6.436	0.585	0.371
0.6719	7.022	*5.191*	13.1083	1.0002	− 6.321	0.585	0.371
0.6101	7.209	*5.248*	13.0558	1.0003	− 6.200	0.585	0.371
0.5455	7.400	*5.307*	12.9947	1.0003	− 6.075	0.585	0.371
0.4753	7.618	*5.372*	12.9157	1.0005	− 5.931	0.585	0.371
0.4054	7.869	*5.446*	12.8125	1.0006	− 5.765	0.585	0.371
0.3684	8.034	*5.494*	12.7392	1.0006	− 5.656	0.585	0.371
0.3155	8.367	*5.590*	12.5821	1.0008	− 5.434	0.585	0.371
0.2513	9.989	*6.037*	11.8689	1.0010	− 4.333	0.585	0.371
0.2509	10.033	6.049	11.8522	1.0010	− 4.294	0.560	0.396
0.2442	11.347	6.381	11.4195	1.0014	− 3.298	0.510	0.446
0.2403	12.796	6.722	11.0358	1.0018	− 2.017	0.227	0.729
0.2293	14.856	7.206	10.6414	1.0021	− 0.370	0.179	0.777
0.2062	16.577	7.616	10.2862	0.7923	1.043	0.049	0.907
0.2013	16.812	7.651	10.2412	0.3027	1.294	0.008	0.948
0.1405	18.144	7.851	10.0097	0.1533	2.482	0.000	0.956
0.0671	18.803	8.017	9.8229	0.1167	2.976	0.000	0.956
0.0543	18.893	*8.049*	9.7819	0.1282	3.033	0.000	0.950
0.0102	19.203	*8.157*	9.5025	0.1692	3.227	0.000	0.950
0.0049	19.257	*8.173*	9.3912	0.1368	3.257	0.000	0.950
0.0000	19.323	*8.198*	− ∞	0.0000	3.303	0.000	0.950

Rechenprogramms erzwungen wird, bleibt eine vorerst offene Frage. Schon nach 1500 Jahren, bei Modell Nr. 130, ist dieses Phänomen wieder verschwunden.

Die Wasserstoff brennende Schalenquelle, die den Hauptanteil der Leuchtkraft liefert, wird dünner, die darüber liegende schmale Konvektionszone stirbt ab. Dafür bildet sich eine sehr tiefe äußere Konvektionszone, die 75 Prozent der Gesamtmasse erfaßt. Bei Modell Nr. 129 gelangt zum ersten Male etwas Helium, etwa 0,8 Prozent, an die Oberfläche. Als repräsentativ für jenen Zustand, der kurz vor dem Ende der von uns verfolgten Entwicklung erreicht wurde, ist der radiale Aufbau des Modells Nr. 138 in den Tab. 5 a, b wiedergegeben.

Ausblick und Schluß

Es ist bis jetzt nicht völlig klar, was der tiefere Grund für das schließliche Versagen des Iterationsprozesses bei unserem Sternmodell ist. Aus einer formalen Betrachtung des Rechenvorganges könnte man folgende Vermutungen ableiten: Die zeitweilig ganz außerordentlich hoch über der Abgaberate liegende Energieproduktion in der Schalenquelle würde in Wirklichkeit möglicherweise schon bei Modell Nr. 122 oder etwas früher zu einem katastrophenartigen Umbau der äußeren Schichten geführt haben. Das auf eine stetige Entwicklung abgestimmte Rechenprogramm sieht jedoch vor, daß zunächst die Oberflächenparameter L und T_e durch automatische Extrapolation der vorausgegangenen Entwicklung vorgeschätzt werden. Die von diesen ausgehende Integration der Hülle erzwingt damit für die von innen nach außen laufende Integration der Hauptmasse Randbedingungen, denen in den Modellen von Nr. 122 an zwar mathematisch-formal noch genügt werden konnte; aber sie führten schließlich zu einem Sternaufbau, der nun erst recht keine stetige Fortentwicklung mehr zuläßt. Es wird daher notwendig sein, etwa schon von Modell Nr. 122 an mit dem Stern gezielt zu „experimentieren", beispielsweise mit einer verminderten Masse der Hülle, was einem Vorgang von Massenabschleuderung entsprechen würde. Vielleicht könnte man so herausfinden, welche Art eines etappenweise durch Unstetigkeiten unterbrochenen Entwicklungsweges den hier tatsächlich herrschenden Verhältnissen angemessen wäre.

Nach einer erneuten Diskussion des vorliegenden Problems mit Herrn Prof. Kippenhahn, zu der wir erst vor kurzem Gelegenheit hatten, zeichnet sich nun doch genauer die Ursache für das Versagen des Rechenprogramms in den letzten Entwicklungsphasen ab: Bei der automatischen Verkürzung der Zeitschritte wegen schlechter Konvergenz der Iterationen geriet die Maschine schließlich dahin, daß die Ableitungen nach der Zeit numerisch bereits „unbestimmte

Formen" annahmen. Dem hätte man nur durch beträchtliche Erweiterung der Toleranzgrenzen für das Fitting bei den Iterationen entgegenwirken können. Es wäre damit allerdings nur dann ein wesentlicher Fortschritt erzielt worden, wenn es gelungen wäre, das Modell bald wieder in eine Phase weniger überstürzter Entwicklung hinüberzuführen. Andernfalls würden die oben vorgebrachten physikalischen Bedenken voll aufrecht bleiben. Wie die Dinge sich wirklich verhalten, ist eine zunächst leider noch offene Frage.

Die vorstehende Untersuchung ist als Gemeinschaftsarbeit eines theoretisch-astrophysikalischen Seminars unter Leitung des erstgenannten Autors (Ferrari d'Occhieppo) begonnen worden. Der zweite Mitautor (F. Firneis) hat gemeinsam mit H.-C. Thomas (MPI für Physik und Astrophysik, München) das in Form von Lochkarten erhaltene Rechenprogramm in einigen nicht unwesentlichen Einzelheiten der hiesigen IBM 7040 angepaßt und den gesamten Rechenvorgang überwacht. An der Auswertung der Maschinenausdrucke wirkten sämtliche Seminarteilnehmer mit, insbesondere R. Albrecht und E. Pendl, sowie (alphabetisch gereiht) E. Fiegweil, M. G. Firneis, E. Göbel, H. U. Keller, F. Koszich, R. Mansuri, A. Schnell. Die Zusammenfassung des Materials und die Vorlagen für die Mehrzahl der Abbildungen besorgte der andere Mitautor W. Tscharnuter.

Für die bereitwillige Überlassung des Rechenprogramms sei auch an dieser Stelle Herrn Prof. Dr. R. Kippenhahn (Sternwarte Göttingen) bestens gedankt. Ferner danken wir Herrn Prof. Dr. L. Biermann (Max-Planck-Institut für Physik und Astrophysik, München) für die Entsendung des Herrn Dr. H.-C. Thomas zu einem zehntägigen Instruktionsaufenthalt nach Wien, sowie diesem selbst für seinen für uns alle höchst förderlichen Einsatz. Endlich haben wir Herrn Prof. Dr. H. J. Stetter (Vorstand des Instituts für Numerische Mathematik der Technischen Hochschule Wien) für die großzügige Zuweisung von Rechenzeit zu danken.

Literatur

[1] Hofmeister, E., R. Kippenhahn und A. Weigert: Sternentwicklung I. Ein Programm zur Lösung der zeitabhängigen Aufbaugleichungen. Z. Astrophysik **59** (1964) 215—241.

[2] Cox, A. N.: Radiative Absorption and Opacity Calculations, in: Stellar Evolution, ed. R. F. Stein and A. G. W. Cameron, Plenum Press, New York 1966.

[3] Hofmeister, E., R. Kippenhahn und A. Weigert: Sternentwicklung II. Die Wasserstoff-brennende Phase eines Sternes mit 7 Sonnenmassen. Z. Astrophysik **59** (1964) 242—260.

[4] Hofmeister, E., R. Kippenhahn und A. Weigert: The Evolution of a Star of Seven Solar Masses, in: Stellar Evolution, ed. R. F. Stein and A. G. W. Cameron.

GPSR Compliance
The European Union's (EU) General Product Safety Regulation (GPSR) is a set of rules that requires consumer products to be safe and our obligations to ensure this.

If you have any concerns about our products, you can contact us on

ProductSafety@springernature.com

In case Publisher is established outside the EU, the EU authorized representative is:

Springer Nature Customer Service Center GmbH
Europaplatz 3
69115 Heidelberg, Germany

www.ingramcontent.com/pod-product-compliance
Ingram Content Group UK Ltd.
Pitfield, Milton Keynes, MK11 3LW, UK
UKHW021927190726
13853UKWH00002B/890

* 9 7 8 3 6 6 2 2 4 1 6 5 3 *